MAY THE THOUGHTS BE WITH YOU

# 今天也是好心情

[英] 夏洛特·里德———— 著　　刘婷　张倩倩———— 译

C|S 湖南人民出版社

考拉心研所

"夏洛特的书就像一缕温暖的阳光，其中的智慧小贴士极具洞察力并且鼓舞人心，帮助我们更好地度过每一天，绽放一张张笑脸！"

—— 娜塔莉·安博莉亚，歌手、词曲作者和演员

"一拿到这本书，空气中就立马弥散着积极快乐的气息。打开后，我越读越着迷，不能释卷。当我微笑着翻阅每种想法以及对应的心情时，温暖、爱意和安宁扑面而来。读完之后，我的第一想法就是，如果我把这本书送给别人，那么每个收到它的人都会感到：这本魔力之书会让他们的生活更轻松、让他们的笑容更灿烂。"

—— 蕾切尔·凯利，回忆录《黑色彩虹》作者

这本小书一开始由我自费出版。我曾经在伦敦市诺丁山地区的波多贝罗市集上兜售这本书。六个月后，著名出版社Hay House发现了我的书，并给我开出了不错的条件！尽管这本书目前已经遍布大街小巷，但我仍喜欢在自己的市集摊位上售卖它及其周边产品。这不仅是因为我真诚地希望与我的读者面对面，还因为我喜欢待在波多贝罗市集这样一个特别的地方。想不想来我摊位看看？我出摊的时间和地点详见我的网站：www.maythethoughtsbewithyou.com。

——爱你的夏洛特

创造彩虹可比
等待彩虹出现好玩多了。

87 岁了，
我还是那么酷！

变老的只有你的生活，你和你的精神永远不会变老。

即将离开这个世界的时候，你不会想着自己赚了多少钱，而是会想着自己奉献出了多少爱。

只要准备好
了，全世界
都是你的。

赤脚大师：

生命的意义是什么？或许就是爱，而非恐惧和自负。就这么简单。

如果灵魂会说话，它很可能会这样说："别担心啦，你肯定行。给自己放个假，这是你应得的。请无条件地信任你自己和他人。快点啊，还等什么？别管别人怎么想，大胆地去做，享受其中的乐趣。对了，我不知道自己还能在你身体里待多久，拜托，快抓紧时间！"

别管什么停下来看风景了，我得先爬到山顶去。

如果你不能享受旅途的乐趣，那么最终目标对你来说就毫无意义。

**真理教授：**

据我所知，热情友好、平易近人、善意满满没有任何坏处。礼貌和真诚不仅对他人有益处，也对你有益处。

零压力生
活日常：

全力以赴，
剩下的交给
命运。

你的选择是：要么墨守成规，要么标新立异。

明智者陷入苦难的泥淖后能再次走出，并能将苦难转换为礼物馈赠世人。

苦难村

痛苦＝
收获

智慧猫：

幸福不是只有幸运的人才能得到，而是一种心理状态——是你选择了幸福，而非幸福选择了你。

当我们的计划出现"意外"时，意外之喜才有可能出现。

接受是
最好的
止痛剂。

如果你学到了某些有价值的东西，要记得成为它的形象大使。

# 简单却真实

只有追寻梦想和目标，你才能发现真正的自己。这就是为什么你的灵魂最渴望的是梦想，只有这样，它才可能在此时此地出现在你面前啊！

即使在最糟糕的情况下，你仍然可以富有同情心，镇定自若，且善解人意。事实上，此时的你比任何其他时候都需要这些品质。

没有人认为现代人理应忙忙碌碌、压力重重。你的生活节奏是由你自己决定的。

赤脚大师：

一旦你意识到没有什么所谓的"正常"标准，你的生活就会猛然轻松起来……

智慧

我们的生活不是充满了难题，而是充满了学习机会。

与普遍的观点恰恰相反，苛待自己不会让你强大，但是善待自己可以。

只要你不停地挖掘，总有一天你会发现爱是一切之源。

我就知道这里一定有爱！

爱

我们总是想把某件事情变得更好、更重要、更特别、更成功，却忘了欣赏它本来的样子。

我要用这个苹果做苹果卷，不不不，做苹果派，或者更好的选择是，把它做成鞑靼塔。

嗯……其实你也可以直接吃掉这个苹果。

生活中那些最重要和最好的改变往往只需要简单的几步。

无论你变得多有钱，多成功，坐公交出行和自己疏通下水道都是不错的主意。

阔佬 →

勇敢点儿，去追寻<u>自己</u>相信的东西吧！

寻常之路　　我行我路

生活的真谛很简单：停止观望，活在当下。

若你想要体验自由的真正含义，有必要偶尔信马由缰。

驾！

一旦你接受了生活的本来面目，你的生活就完美了。

尊重别人的自由，这是你能给他们的最好礼物。

致自由的灵魂

如果你给自己贴上了不好的标签，那么久而久之，你的大脑会相信自己就是这样的人。（所幸，好标签的作用同理。）

若你失去了力量，别担心，说不定你会因此而更坚强。

释放自我的感觉真好啊！我意识到自己不必永远"正确"——赋予了我一种全新的力量。

好运鲜少青睐
将心灵关闭起
来的人。

过分执着于结果时，你会错过所有的魔法……

智慧虫:

好主意!

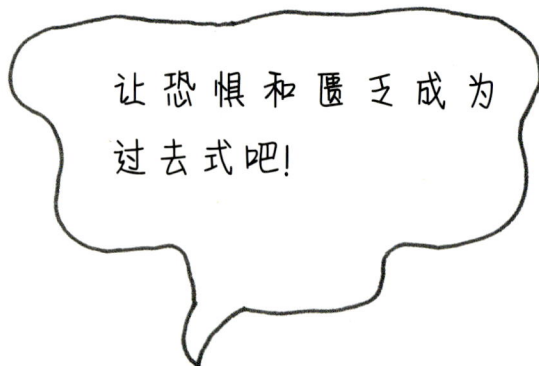

让恐惧和匮乏成为
过去式吧!

和平意味着什么？你可以将其理解为一种解放和改变所有人的力量。

阻得你发挥潜力的障得不是来自外部世界，而是来自内心。这些障得源自你的错误想法。例如，"我不够好。""我没有足够的创造力。""我根本做不到，根本成功不了。"诸如此类的想法还有很多。要想让这些想法消失，你就得挑战它们。到时候你就会发现，若你的内心发生了改变，外部世界也会随之发生变化。

# 一个在学校学不到的公式

简单
+ 平衡
= 幸福

自我破坏和自我评判是"拖延症"病毒经过巧妙伪装后的变种。

朋友，你怎么不继续画画了呢？

因为我觉得自己画得糟透了！

为啥糟心事
总发生在我
身上?

　　历史重演总是有原因的，我需要从中去学习更多不一样的东西。

生活总是最青睐那些目标明确、全力以赴的人。为了实现梦想，他们敢于接受各种风险。

留意晚上做的梦，它能揭示你生活的现状，其寓意则是未来的序章。

Z Z Z z z z

我在一间漆黑的屋子里，一点儿光也没有。

第二天……

唉，我早该支付电费账单的。

如果你比以前更相信魔法，那么将有更多的魔法变成现实。

免费午餐

每当我"拐错了弯"，都有个令人信服的理由。

防晒霜测试员一定是世界上最棒的工作。

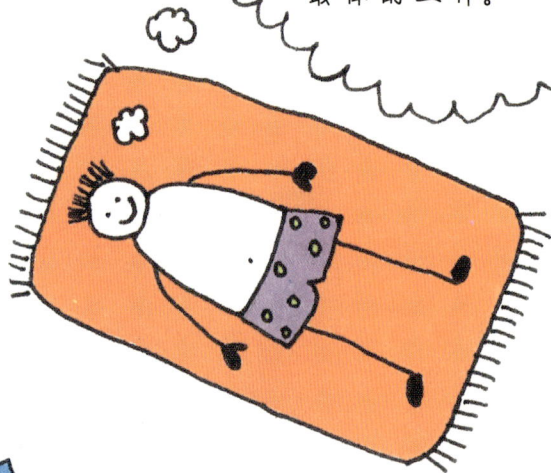

只有做自己喜欢的事挣到的钱，才能真正使人幸福。

如果你一直遵从他人的生活模式，你将永远无法过上随心所欲的生活，也无法创造真正属于自己的人生。

我的方法才是对的!

这只是对你来说正确，对我却并非如此。

反抗
(有理有据)

人的一生最重要的旅程，不是追求成功或财富，而是不断探索和发掘自我。

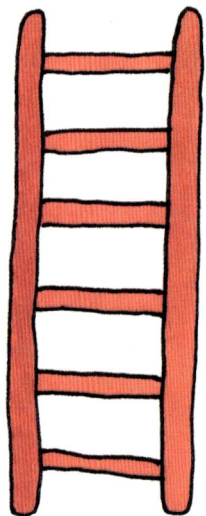

为什么不把你的"事业攀升之梯"换成一把"内心平和之梯"？

直觉与肌肉一样，用得越多就越强壮。

嗯，我有预感是妈妈打电话来了。

真爱
由你开始。

我喜欢你的新眼镜!

谢谢! 这副眼镜非常特别。戴上它，看待一切的方式会变得积极得多! 我感觉自己又活力满满了!

转变视角和休息一样有益。

如果你无法拒绝不想要的，又怎能去获得你想要的呢？

通常来说，如果我们忽视痛苦，它就会一直留在心里；而一旦我们了解了它，它就会消失不见。

亲爱的痛苦，很抱歉
一直把你藏在毯子底下。我现在已经
准备好倾听你的声音了。

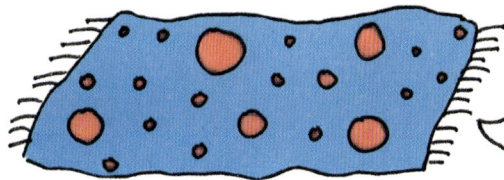

放我
出去!

# 快乐的嬉皮士：

只有在你的心已做好改变的准备时，生活才会真正改变。

# 简单却又真实

你知道是谁想到了"活在当下"这一说法吗?

不知道。无论是谁,此人一定是个机灵鬼。活在当下,说得对极了!

接受变化和甘冒风险是充实人生的关键因素。

当你意识到没有什么所谓的错误，那都是学习的机会。在不妄断自己的环境中成长，你的人生会变得容易得多。

学会感恩微不足道的小事让我们快乐。

祝福这只可爱的花洒，它给我带来了好多热水！

真理教授：

只有在你关注并表达自己内心世界时，外部世界才会改变！

多多关注你看待自己的方式，而不是别人怎样看待你。

你可以自己创造生活的乐趣！

哈哈！

她的晨练方式！

# 九种让人生不留遗憾的方法

1. 活出真实的生活，而不是别人的。
2. 随时没心没肺地大笑。
3. 珍惜你的朋友们。（他们是你的社会支持网。）
4. 冒冒傻气。
5. 创造！（它能让你的灵魂保持快乐。）
6. 努力工作，但不要过度劳累。
7. 与你所爱的人在一起。
8. 勇敢起来，用你的才华鼓舞他人。
9. 对他人多施善行。（即使是陌生人。）

不要害怕审视内心。即使内心之水看上去混浊不堪，水底说不定蕴藏着待人发掘的宝藏。

充满可能
的宝箱

相信自己！

自尊
进行曲

在从事某些创造性的活动时，感到自己被评头论足，甚至感到脆弱和害羞都是再正常不过的。那些还在坚持创造性事业和生活的人，都是爱惜自己的脆弱并且勇往直前的人。

请记住，你永远可以向全世界寻求帮助。

有人在吗？请给我一个信号！

赤脚大师：

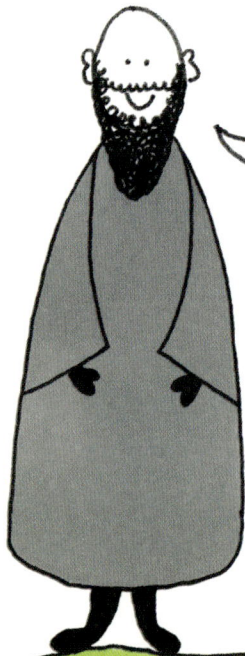

在发挥出自己的潜力之前，你会付出某些代价。首先你需要克服自己内心的障碍和有对抗消极的状态。这不是件容易的事，因为人们往往选择习以为常的斗争，而不是陌生的平和。

思考蕴藏着巨大的能量。勤于思考，总有一天，想法会变成自我实现的预言。

如果你很难活在当下，那么可以尝试与睿智大师以及"活在当下的实践者"——孩子们待在一起。

太有意思了！

心灵就像小狗，喜欢徜徉在大自然中。

我怎么没早点想到呢？

人越成长，就会越谦卑——一个永远对不可思议的生命心存敬畏的人。

2018
愿望清单
1.更有钱。
2.更瘦。
3.谈一场甜甜的恋爱。
2019
愿望清单
1.更有钱。
2.更瘦。
2020
愿望清单
1.更有钱。
2.更瘦。
2021
愿望清单
1.更有钱。
2.更瘦。
3.和恋爱对象分手。
2022
愿望清单
1.更有钱。
2.更瘦。
3.开启一场新恋情。
2023
~~愿望~~清单
开始
新生活！

其实在内心深处，你知道该怎样做、怎样说，你知道要成为什么样的人，你知道所有问题的答案……不然你的心灵是做什么用的？

你可以做的最自由的事之一，就是不执着于结果。

我让所有事情顺其自然地发展，不去担忧结果如何。

最真实的话语不是耳朵听到的，而是用心感受到的。

真理教授：

对一件事物过度依赖，是让它远离你的极佳方式。

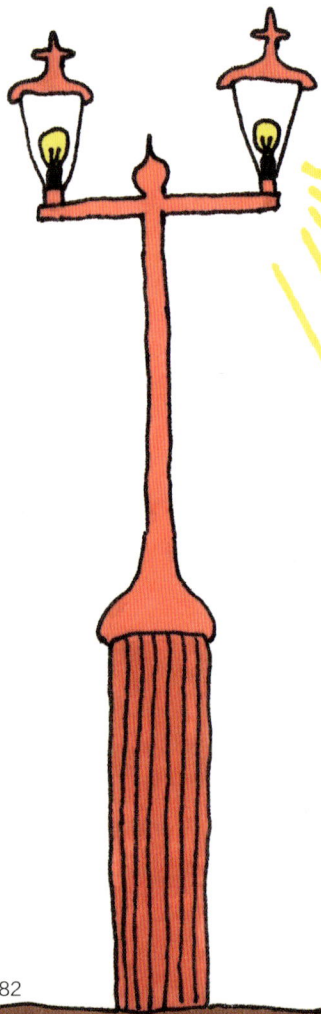

找到
你的明灯，
并且沐浴在
它的光亮中。

活出自我比蛮干更扎实，更有成就感。

错误是人生最美的拼图。

尽管一开始会很难，蜕变却能将我们变得美丽。

看看我现在的模样!

这是鲍勃。鲍勃无论做什么事都能取得巨大成功。原来，这是因为他有一个与众不同的大脑。比如，鲍勃听到"不"这个字的时候，他的大脑会自动理解为"更努力一些，再试一次，试试新方法，要么等会儿再试！"……要是我们的大脑都像鲍勃一样该多好——等等！我们也能做到！

标签是非常危险的，必须带有警示标志！

智慧虫：

万物皆有联系。有一条可视链，将你生命中的每时每刻连接起来。你越是相信这一点，你经历的巧合就会越多。经历的巧合越多，你就越能理解生活正向着预期的方向运行。

不完美是美丽最真实的形式。

很多时候，你的"plan B"其实才是最好的。说不定"plan B"代表的是"福气"。

爱是我们存在的意义。

你的工作不能定义你，你的衣服也不能定义你。有钱也好，贫穷也罢，都不能定义你。你的家不能定义你，你的车也不能。能定义你的是你的内心、你的灵魂、你的精神和本质。

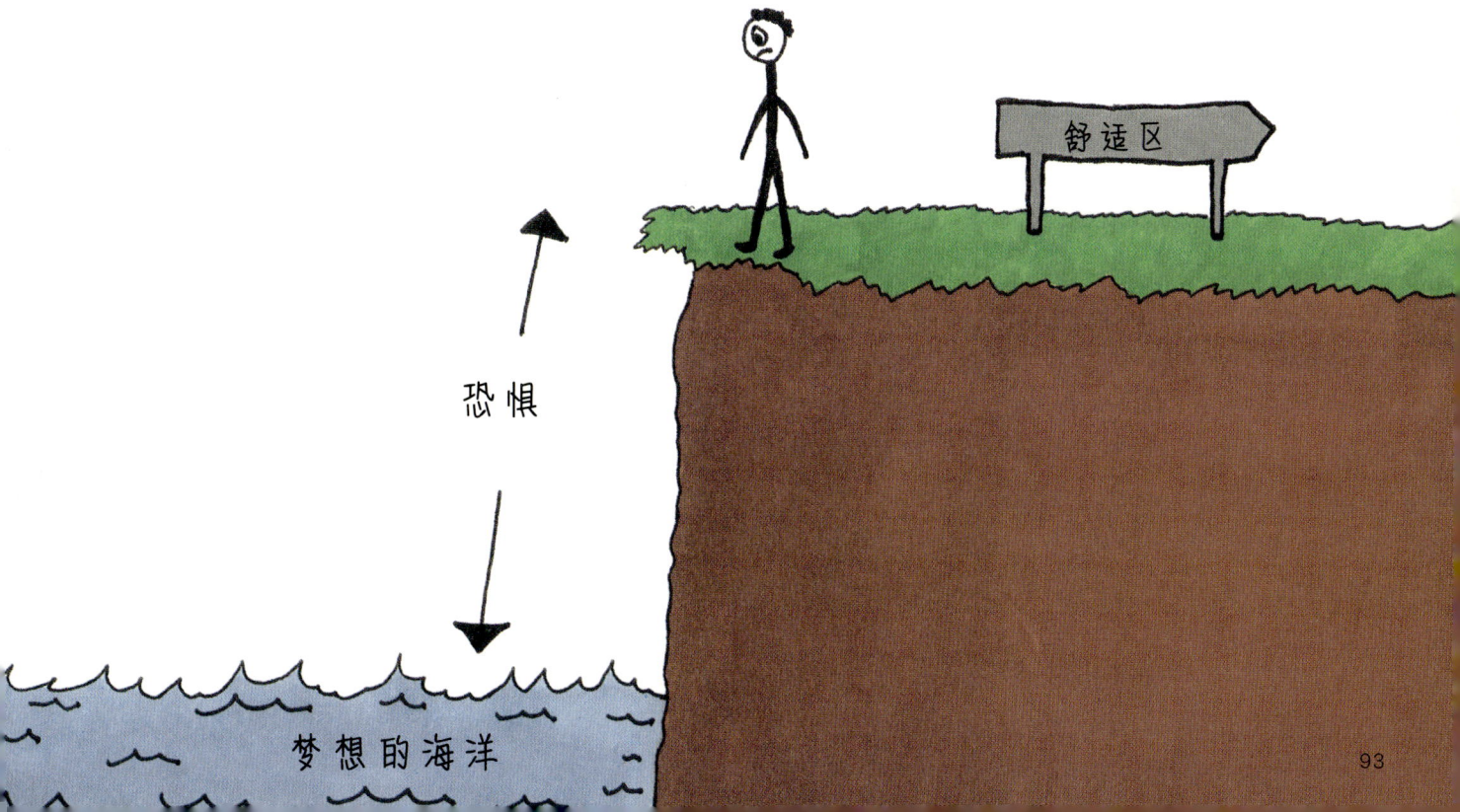

奋勇向前。

恐惧

舒适区

梦想的海洋

在生活中问自己以下问题不失为一个好方法——这个世界上有没有人比我自己更重要？

爱上某个人是很美好的事情，但爱自己才是奇迹的开始。

哇！我还是相当喜欢"我"的！

你最棒！

平和生活来
自内心。

你可以
像我一
样自由。

如果不考虑结果，你会去做哪些事情？会开始画画、唱歌、写作、跳舞、表演和摄影这些爱好吗？

　　享受创造的过程，而不是期待创作一幅杰作。

大胆去做!

你得时不时问自己这个问题："我究竟在等什么？"

赤脚大师：

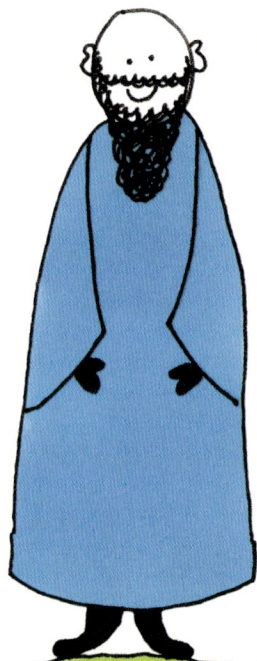

知道得越多，需要理解的就越少。

智慧意味着不需要理解。

在生命的最后时刻，人们常常希望自己能过得更快乐一些。

如果可以重新来过，我希望自己是积极的而不是消极的。我选择信任而不是担忧，我会变得平和而不是小题大做!

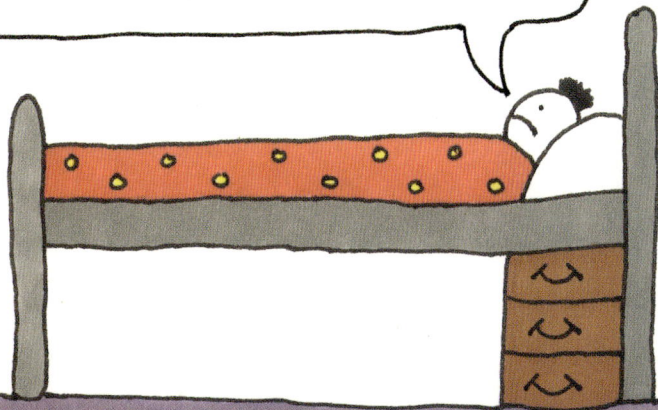

智慧猫：

不要总想着要比别人更好，只要比当下的自己更好就够了。

我们给自己设的限制如影随形，终有一天我们会发现自己已经超越了限制。

简直不敢相信！
这些年我一直
在自我否定，
其实我已经
做到了！

为实现梦想努力，不要只沉溺于幻想。

我在此郑重承诺，既爱自己柔顺的长发，也爱自己屁屁上的褶皱，因为它们都是我身体的一部分。

不要只盯着生命中"好的"事情，否认所有"坏的"事情的存在。重要的是要给予无条件的爱。只有这样你才是真正地活着。

遗憾的是，有些人一生都在思考"如果这件事情发生了怎么办""如果那件事情发生了怎么办""如果这件事情出错了怎么办""如果那件事情出错了怎么办"。这样的人直到死都没有真正活过。

你的家一直
都在你的心里，
不管过去、现在
还是未来……

耶!

生命很短暂也很宝贵，不要把生命浪费在对自己的问题纠缠不休上。

智慧

生活常常看上去乱七八糟，似乎偏离了正轨。事实上，一切都在按部就班地进行，直到你成为最好的自己。要相信不管你做得多还是没做多少，你的生活会永远有条不紊地进行下去！

唯有你知道
如何完全地
爱自己。

平凡无奇之中魔法仍然存在。

每个人都是艺术家——生活艺术家。

食物 ☑

水 ☑

安身之所 ☑

家庭 ☑

朋友 ☑

公交车票 ☑

幸运的是，对我们所有人来说，快乐生活真的很简单。

# 快乐的嬉皮士：

追寻对你来说最重要的事，这样不管你赚多少钱，你的生命都将变得富有。

你的灵魂想要长大，
所以它才一直在追寻
被你称为"斗争"的
经历。

贝蒂，你正在干什么？

没什么。我认为现代社会过多地专注于"正在干的事"。因此，我只是在享受"此时此刻"。

我也是！

宇宙的能量对所有人都是有用的，只是对相信它的人更有用而已。

循规蹈矩很少能创造出新的东西。

梦想真的都会实现的。

大家好，我是夏洛特，《今天也是好心情》的作者。分享我的故事，是因为我认为也许你会感兴趣。

尽管这本书充满了积极性，事实上它诞生于我人生中最艰难的一年，那时我正在经历抑郁的艰难时刻。请允许我解释下，那是我生命里最可怕、最困难和最恐惧的一段时间。每个经历过这种糟糕状态的人都知道这是一种怎样的绝望。医生给我开药缓解症状，但即使在最糟的时候，我都知道这对我来说不是正确的治愈方式。我无法抵抗抑郁，但是我的直觉告诉我顺其自然会更好一些。于是我开始和人们交谈，试着去理解他们，定期接受针灸，等等，这些行动都帮助我从抑郁中恢复过来，其中的某些东西还转变成了我的热情，在我的生活恢复正常运转后慢慢显露了出来。

　　在陷入抑郁的两个月后，我开始记录下每天快乐和积极的想法。这是为了提醒自己正常的感受该是怎样，当我看不到这些的时候，生活依然是很美好的。因此每个早上我开始分享我的想法，就像我的Facebook状态一样，没准的话我写的这些还可以给朋友带来帮助。经过两年的积累，收集的已经相当多了。这个时候我也已经完全从抑郁中恢复过来了，但是我仍然很喜欢把我的想法写出来，因此我继续做这件事情，朋友也开始问我是否可以把这些想法弄成一本书。尽管是一个非常好的想法，但直到真正做成的那天才算实现了。

接下来的日子里，生活突然给了我沉重的一击。那个时候我还在办公室工作，我的慢性损伤反复发作，整个人处于非常痛苦的状态。这意味着我这两年没法再工作了，结果也很明显，我无法再重返工作岗位。当前的生活需要做一个全盘的改变，突然我的脑子里灵光一闪，也许我应该采用朋友的建议，出一本关于积极想法的书。我非常兴奋，这意味着我不再使用电脑了，手写对我来说是一个不错的选择……也许我还可以分析一下这些想法。我只有基础的绘画能力，但是也能让这本书在有意义的同时也变得有趣起来！听起来是很不错的想法。就这样，我的新生活开始啦：辞职，然后开始创作，并自费出版了这本书，然后卖给那些想要看这些积极想法的人。

最终，我卖了200本给家人、朋友以及朋友的朋友，他们的反馈出乎意料地鼓舞人心，因此我决定去当地的独立书店和礼品书店看看他们是否接受这一类的书籍。我小心翼翼地询问，令我开心的是他们都说可以，他们甚至把书摆在收银台以便所有人可以一眼看到它。很快，这本书变得非常流行，甚至成为某些书店的畅销书！

那个时候，我男朋友专门为我创建了一个网站，这样我也能通过线上商店去销售这些书籍。然后我又有了一个想法，没准我可以在伦敦格丁山的波多贝罗市集摆一个小摊。我从书中挑选了一些内容进行放大，做成了装裱版画。顾客来到我的小摊前，他们有的开心地浏览书籍，有的看着画咯咯地笑，有一些读者甚至放声大笑，因为他们说这些想法很打动他们。

也有很多顾客在买了一本书或看一幅画后过了几个小时又来买了更多的东西。他们说知道哪些人会很喜欢我这振奋人心的作品——患有慢性病的家人，在医院的朋友，失恋的姐妹，情绪低落的男朋友，孤独的邻居，想要改变职场生活的女儿，患有创伤后应激障碍（PTSD）的兄弟，正在康复的好友，自闭症的儿子或者生日临近的朋友。我完全呆住了，没想到在我人生最黑暗、最沮丧和最孤独的时候创作的一本小书，得到了这么多读者的欣赏和赞扬，这种感觉太奇妙了。当然，浪多贝罗市集作为全球的一个旅游打卡地，对书籍的宣传功不可没。突然，我的网上商店收到了来自全世界各地的订单，留言说他们在我的小摊上买到了这本书，还想要买来送给家人和朋友。

我书籍之旅的每一部分都是一个惊喜，但对我来说让我最惊喜的是这本书在孩子中的流行。当然，我最开始在心里主要是想写给大人的。但是读者告诉我他们的小孩也非常喜欢这本书，包括还有很多的老师特意购买这本书来教他们的学生怎样学会积极思考。此外，还有一个惊喜。马来西亚的国王有一天来浪多贝罗参观，到我的小摊买了一本书，他还要我在上面签名，这真的是一个非常超现实主义的、梦幻的时刻。

在第一年卖了2000本后，一位女士偶然经过我的小摊。她买了书，然后给我发邮件说她把这本书给她朋友（Shaa Wasmund）看了。朋友是一位非常成功的企业家，同时她也写了一本畅销的商业书。Shaa联系我说她觉得我的书应该让更多人看到，她提供了和Hay House———一家全球出版社见面的机会。一段时间后，我非常高兴地和出版社签约了出版计划，这也是为什么这本书现在能呈现到你面前的原因。

　　一路走来故事很长……艰难的日子里也孵化出了很多美妙的事情。当然，我现在回顾起来，把它们视作我生命的礼物。确实，它们是可怕的、痛苦的，但是也是它们让我的生活变得越来越好。因为它们帮助我发现真实的自我和真正的幸福。

我非常希望的是通过阅读我的故事，你们能够在某种程度上感觉越来越好或者受到鼓舞。如果你正在经历一段艰难时刻的话，我希望你最终发现这儿是你积极向上的源泉并且你的痛苦可以转化成你的强项。

到这里我就要和你说再见了，但是我依然会在波多贝罗市集卖我的书，也许有一天我们会在小摊见面！当然我也非常希望如此。今天也是好心情哦！

爱你们的夏洛特 ♥

**图书在版编目（CIP）数据**

今天也是好心情/（英）夏洛特 • 里德(Charlotte Reed)著；刘婷，张倩倩译.— 长沙：湖南人民出版社，2023.1
ISBN 978-7-5561-3037-5

Ⅰ.①今… Ⅱ.①夏… ②刘… ③张… Ⅲ.①心理压力-心理调节-通俗读物 Ⅳ.①B842.6-49

中国版本图书馆CIP数据核字(2022)第160308号

Copyright © 2014 by Charlotte Reed
Originally published in 2014 by Hay House Publishers UK Ltd.

JINTIAN YESHI HAO XINQING
今天也是好心情

著　　者：〔英〕夏洛特·里德　　　　　　　责任编辑：张玉洁 毛泳洁
译　　者：刘　婷 张倩倩　　　　　　　　　特约审校：仲文明
出版统筹：陈　实　　　　　　　　　　　　责任校对：丁　雯
监　　制：傅钦伟　　　　　　　　　　　　装帧设计：饶博文
产品经理：刘　婷

出版发行：湖南人民出版社有限责任公司［http://www.hnppp.com］
地　　址：长沙市营盘东路3号
邮　　编：410005
电　　话：0731-82683327

印　　刷：长沙艺铖印刷包装有限公司　　　　印　张：4.125
版　　次：2023年1月第1版　　　　　　　　字　数：40千字
印　　次：2023年1月第1次印刷　　　　　　书　号：978-7-5561-3037-5
开　　本：880毫米×1230毫米 1/32　　　　定　价：58.00元

营销电话：0731-82683348（如发现印装质量问题请与出版社调换）